ぴーまる。Diary!!

『ぴーまる。Diary!!』を手にとってくれて、
どうもいっぱいありがとう！ やったー！
今回は!! 第1弾の『ぴーまるぶっく！。』とは
またちょぴっと違うんだ!!!
なんと、マンガが盛りだくさん！
描いていてとっても楽しかったんだ！
こんなに楽しかったのなら、
手にとってくれた君もきっと楽しいってことになって、
世界が平和になったとさ!!!!!!!!
今回も楽しんでいくよーに！
敬礼!!!!
ヽ(ˊ)ゞ

2021年9月30日　P丸様。

ぴーまる。Diary!!

CONTENTS

vol.1
Profile

P丸様。プロフィール

P丸様。の素顔(?)がわかる本コーナー！　いろんな質問に答えてもらいました。なんと、マンガで紹介してくれたエピソードもあるよ♪

趣味
クレーンゲーム
得意じゃないけどあきらめなかったらとれる！
チャームポイント
えくぼ
!?
座右の銘
猪突猛進
将来の夢
『ゆるふわ～』アニメ化

Twitter

フォロワー63万人!

YouTube公式チャンネル

登録者数200万人!

P丸様。のSNSをチェック!!

※2021年9月現在

誕生日	9月30日
星座	てんびん座
好きな色	黄色
好きな食べ物	めだまやき！
好きな飲み物	カフェオレ
好きなマンガ	『ゆるふわ～』
好きな曲	『シル・ヴ・プレジデント』
好きな映画	ディズニーの映画！
好きな花	ヒマワリ
得意料理	ハンバーグ !?
得意科目	体育

公式サイトもチェック!! >>>

Instagram

フォロワー
26万人!

※ログインする必要があります

TikTok

フォロワー
100万人!

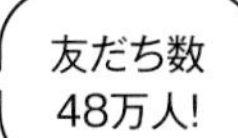

◆P丸様。モーニングルーティーン

モーニングルーティーン Q&A

寝起きは悪いですか？

朝は弱いんだけど、寝起きは普通!!
パッと起きられるわけじゃないけど、
スッと起きられないわけでもない(笑)!

◆朝の日課

おいで~
おいで~
ほら
おいで~
……
……
、、、
←長女
←次女

……

ち●ーる!!!
ででぇーーーーん!
ギニャー

ち●ーる!!
ち●ーる!!
ヴニャアー
ニャアー
ギニャ
ち●ーる!!
ち●ーる!!
ギニャー
ニャー

Q&A

ペットのプロフィールを教えてください

なゃぴ
ラグドール
♀（2歳）

うゅ
ベンガル
♀（1歳）

もともとは犬派だったんだ。
ただ、絶対に散歩ができないなと思って2年くらい前にラグドール（なゃぴ）を飼ったらもう……そこから完全に猫！
甘えん坊なところが大好き！！！
教えてないのにトイレは同じところでするし、「猫って、すげぇ〜」って思ったんだ（笑）。

◆動画作り

動画作り Q&A

ネタを思いつくタイミングはいつが多いですか？

いつでも！！！！

YouTuberになることを親に伝えたとき

YouTuberになると伝えたとき
Q&A
ご両親の反応を
教えてください

たぶん、ボクの活動のこと、よくわかってない(笑)。
「叫んでるだけ」みたいな(笑)。

◆ハンバーグクッキング

これ
これ
これこれ

すぐ
できるよ～
フライパンで
焼くのもいいけど
今日はオーブンで作るね！
ふわぁ～
……

なんだ!!
ハンバーグって!!
めっちゃ
簡単なんだ!!

このとき
P丸様。は
まさかあんなことになろうとは
知るよしもなかったのだった
これは
ハンバーグです

ハンバーグクッキング
Q&A
自炊はしますか？

よく作る料理は「カップ味噌汁」！
クレーンゲームでとったぬいぐるみを
キッチンに飾るくらい料理はしてないけど（笑）。

ハンバーグクッキングしたんだけどコラ

投稿日：2017年7月22日

ハンバーグクッキングの元動画

◆年に1回くらいの生放送をするP丸様。

今日は生放送……
き、きんちょーする
下ネタは3回まで!
下ネタは3回まで……!!

ありゃ?
お母さんからLINEだー
うむ……
なになに……?

やめろッ
やっほ～!
テレビの大画面で
P丸様。の放送
お父さんと一緒に見
ま～す♥!
下ネタ
言えねぇ!!

生放送するP丸様。

Q&A

緊張するほうですか？

すっごくする！！！
もうやばいよ！！！
誰か助けてよ！！！！
ねえええええええええええええ；；；；；

Q 緊張のほぐし方はありますか？

あったら教えてほしいよ！！！！！！！
ねぇ！！！！誰か！！！！！！！
ほら！！！！！早く！！！！！！！

P丸様。YouTubeサブちゃんねる

YouTubeのサブちゃんねるには、生放送の切り抜き動画があったりするよ♪

No.01 Goods Collection

お部屋をかわいくしたいよね♡

詳細は公式サイトをご確認ください

vol.2

Singer

P丸様。といえば「歌い手」としての一面も忘れちゃいけないよね。ここからは、アルバムやMV、配信曲など、P丸様。の楽曲をコメントとともに紹介!! また、『シル・ヴ・プレジデント』英語版をレコーディングしたときのエピソードがマンガで読めるよ♪

1stフルアルバム
「Sunny!!」
発売日
2021年
3月17日

すとぷりのなーくんがプロデュースを手がけた記念すべき初のフルアルバム。豪華クリエイター陣が集結して制作した本アルバムには、P丸様。の魅力をギュッと詰め込んだ全15曲が収録されているんだ。

初回限定ボイスドラマCD盤

品番 STPR-9021

価格 3300円（税込）

ボイスドラマCD収録内容

01　ゆるふわ〜CD購入ありがとう!!
02　P丸様。についてみんなに聞いてみたよ！

通常盤

品番 STPR-1011

価格 2750円（税込）

ダウンロード&ストリーミング

01 ならばおさらば

作詞 尾崎世界観
作曲 尾崎世界観

編曲 キタニタツヤ

＼収録の思い出／

「食らわば皿までだ 毒に塗れてるこの独特の世界観」のところで、どうしても噛む！
練習してるときは１度も成功しなかったけど、本番では一発で言えたから、悲しい曲なのに明るく歌ってしまいそうになったよ（笑）。
あぶねぇ！
この曲の世界を壊さない歌い方ができるのか本当に悩んだけど、みんなが喜んでくれたからよかったにゃ♪

＼聴きどころ／

嫌いになりたいのに嫌いになれない、本気で恋してた子のお歌。
これまでのＰ丸様。とは少し違う、大人めな声で歌ったんだ。
よき歌……。
尾崎世界観さんのワールド全開な、とても素敵な１曲。

02 シャーベット

作詞 ぷす(fromツユ)
作曲 ぷす(fromツユ)
編曲 ぷす(fromツユ)

03 Magical Word

作詞 TeddyLoid
作曲 TeddyLoid
編曲 TeddyLoid

04 Me

作詞 ポリスピカデリー
作曲 ポリスピカデリー
編曲 ポリスピカデリー

＼収録の思い出／

こういう曲は「初挑戦」って感じだったぞ……！！！
とにかくいっぱい難しかった……なんというか歌い方というか、かっこよい歌い回しというか……もういろいろと思い出深い……。

＼聴きどころ／

これは最高にエモい……。
コーラスなんかもエモくてかっこよくて……。
ぜひとも寝っ転がって空を見上げて、思い出に浸りながら聴いてほしい曲だ！！！

05 メンタルチェンソー

作詞 かいりきベア
作曲 かいりきベア
編曲 かいりきベア

06 シル・ヴ・プレジデント

作詞 ナナホシ管弦楽団
作曲 岩見陸
編曲 ナナホシ管弦楽団

07

ガチやべぇじゃん feat.ななもり。

作詞 烏屋茶房
作曲 烏屋茶房・篠崎あやと
編曲 篠崎あやと
ゲストボーカル ななもり。

収録の思い出

めちゃめちゃにテンションを上げて録ったよ！！
「ガチやべぇじゃん！」って歌いながら。
本当に‼ 何が‼ ガチ‼ やべぇんだろう⁉ って思いながら、腰に手を当てお尻フリフリしながら歌ったよぉ！！！！！！

聴きどころ

やっぱり、ななもり。さんのいろんな「それなー！」かな！！
1回聴いたが最後、マネしたくなっちゃう「それなー！」！！！！
ボクがいちばん好きなのはラップのところかな！
「Hey Yo! ぴえんぴえんしてるキミに朗報！」

6人組エンタメユニット『すとぷり』のリーダー
なーくんの「それなー！」が聴けちゃうよ‼

08

学園スペーシー

作詞 ナユタン星人
作曲 ナユタン星人
編曲 ナユタン星人
ボーカル P丸様。feat.YSPクラブ

※ Nintendo Switch/PS4ソフト
『妖怪学園Y ～ワイワイ学園生活～』OPテーマ

収録の思い出

この曲は『妖怪学園Y』のゲームのオープニングに使っていただいた曲！！
P丸様。の活動としては初めて、家ではなく、ちゃんとしたなんかすっごいおっきなところで録音したんだ！
大人もたくさん！
緊張しまくりで何がなんだかわからなかったよ！！！
音域チェックなどをしてもらったんだけど、恥ずかしすぎて高い声が出せなかったんだ（ ˙-˙ ）
しかも、なぜか「高い声は出せないんです！」みたいなキャラ設定を作ってたんだ。
ボクはいったい何をしていたんだろう（笑）？

聴きどころ

1番も最高に盛り上がっていいんだけど、なんと言っても2番が最高！
Y学園のみんなが出てくるところが最強にアガる！
かわいい『来星ナユ』ちゃんも歌うしで、最強に最高なのだ！
パラダイス！！！！

09

いにしえロマンティック

作詞 ナユタン星人
作曲 ナユタン星人
編曲 ナユタン星人
ボーカル P丸様。feat.YSPクラブ
※TVアニメ『妖怪学園Y～Nとの遭遇～』OPテーマ

10

侵略魔少女エルゼメキア

作詞 日野晃博
作曲 今泉吾弥
※TVアニメ『妖怪学園Y～Nとの遭遇～』EDテーマ

11

木星のビート ver.P丸様。

作詞 ナユタン星人
作曲 ナユタン星人
編曲 すずみとりあ

TVアニメ『妖怪学園Y～Nとの遭遇～』でP丸様。はキャラクター『侵略魔少女エルゼメキア』の声を担当したんだよ♡

12

命に嫌われている。

作詞 カンザキイオリ
作曲 カンザキイオリ
編曲 めんま

13 グリングリン

作詞 和田たけあき

作曲 和田たけあき

編曲 和田たけあき

＼収録の思い出／

なんと、作詞・作曲してくださった和田たけあきさんが収録現場に来てくださって、一緒に録音してくださいました！！！
ヒェェ。
歌い方のレクチャーなどなど大変お世話になりました！
うっうっ。゜(゜´ω`゜)゜。ピー
歌ってるとき、「じょうずだね！」「すごいすごい！」って褒めてくださり、ボクもいつかこんな人になりたい！と思いましたまる！！

＼聴きどころ／

なんといってもサビ！
聴いたら頭に残っちゃう！
グリングリン！
この曲は主に、Twitterをテーマにした曲らしいのです！
歌詞の意味を考えながら聴いてくれたら、とてもうれしい……！！！

14 登録者いらん愛くれ

作詞 大森靖子
作曲 大森靖子
編曲 大久保薫

15 とっても大好きっ！

作詞 の子
作曲 の子
編曲 木村篤史 (glasswerks)

TikTokでも大人気！
シル・ヴ・プレジデント

MVもあるよ！

【MV】シル・ヴ・プレジデント／P丸様。

【大統領になったらね！】

投稿日 2021年3月17日

もともとはMVを作る予定ではなかったんだけど、本当にかわいくて大好きな曲なので、歌を録ったあとに無理を言ってMVを作ってもらったんだ……！！
イラストがとてもかわいくて、食べても食べても飽きないんだ！大変だ……。
たくさんの方がカバーしてくれたり、踊ってくださったり、本当にうれしい！！！！
ボクが大統領になったら、マジで君を捕まえるね♡

中国語版もね♪

如果我成为大统领

(シル・ヴ・プレジデント Chinese Ver.) ／P丸様。

投稿日 2021年8月7日

英語版もあるんだ！

めっちゃ時間かかったけど
頑張ったから
英語版のシルプレ
聴いてね〜(´ω`)

S'il vous President

(シル・ヴ・プレジデント English Ver.) ／P丸様。

投稿日 2021年8月7日

S'il vous President
The the the first thing I'll do, I'm telling you.
be there to catch you if I become president
you see tears on my cheek,
it is impossible to keep your secrets.
the the) Girl I've never seen, who is she? (A
You won't tell me. OK, I see. (Oh, my~)
u can't hide your scandal.
The evidence, shall I wipe it out for you?
シルプレ英語版!?
う……
歌えるかな……!?

ダダ……ダ
アンセン……
アーギャ……
アイ……
アビデ……
チュチュ……
ジュ……
イフ……?

無理!!
パチーンッ

完.

シルプレ英語版収録本番の裏話

収録当日
英語がまったくできません……
ララヲ…
お仕事の人 Nさん
大丈夫です！
私英語できます！
でもP丸さんなら大丈夫ですよー!!

Nさぁん!!
ね！

大丈夫！
大丈夫！
お仕事の人 N田さん
空耳で頑張った
ボェ〜
ちょろっと収録前に聴いてもらった

収録
P丸ちゃん
1回収録止めて
こっち来て
練習
しよう!!!
ざわ…
ざわ…

シルプレ英語版収録のことをもう少し聞いちゃったよ♪

苦手な科目はなんですか？

英語、数学、古典……**勉強系ほぼぜんぶ！**

特に難しかった
発音はなんですか？

わからない……
ぜんぶの発音が難しかった！

Q できあがりを
聴いてみた感想は？

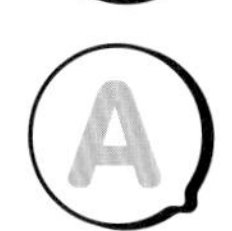

本当に感動した！

これボクが歌ってるの!? ってなったんだ。
ちゃんと歌えてるじゃん！ って(笑)。
うれしかったな！

海外の方からの
反応はありましたか？

あったよ！
でも、コメントで読めたのが
「cute」と「love」
くらい(笑)。

MUSIC VIDEOS OF ORIGINAL SONGS

オリジナル曲のMV

1stフルアルバム『Sunny!!』の収録曲を中心に、P丸様。のオリジナル曲のMVがYouTubeちゃんねるにアップされているんだ。コメントとともに紹介していくよ♪

「妖怪学園Y ～Nとの遭遇～」エンディングテーマ『侵略魔少女エルゼメキア』【P丸様。】

投稿日 2020年9月9日

【妖怪ウォッチ】学園スペーシー/P丸様。feat. YSPクラブ【妖怪学園Y ～ワイワイ学園生活～】

投稿日 2020年7月11日

【MV】メンタルチェンソー /P丸様。【かいりきベア】

投稿日 2021年3月6日

【MV】ガチやべぇじゃん feat.ななもり。/ P丸様。

投稿日 2020年11月1日

COMMENT

イラスト描いたよ！ へへへ！
なんというか、コメントで「首絞めてますか？」っていじられてたから、まさにボクの歌だなぁって。
あと、イラストの首つりひもはなんとネックレス！
実は住んでたところのエレベーターで女の子が話しかけてきたんだ。「ここの階の人ですか？」って！「はい！」って言うと「私もなの～よろしくね！」って仲よくなったの。その子の服装がなんか独特で、病んでる女の子Tシャツに、首つりひもみたいなものを首からぶら下げてて……。「首つっちゃダメ！」って言ったら、「これアクセサリーなんだよ！ 知らない？」って言われたことを思い出して、かわいいなって思ってつけてみたんだ！ ふふふ！
あの子元気かなぁ？

【MV】シャーベット/P丸様。【ぷす(fromツユ)】

投稿日 2021年3月13日

【妖怪学園Y】いにしえロマンティック/P丸様。feat.YSPクラブ【ナユタン星人】

投稿日 2021年1月22日

COMMENT

ボクの成長物語！
髪の毛を切って、新しいステージに行くぞ！ うわぁぁぁあ！ って感じなのだよ。
うんうん。
何も知らなかったころはキラキラ輝いて、いいないいなと思ってたけど、中を開けたら大変なことばっかりで挫けそうで……。でも頑張って、でも無理で……ってなってたけど、最終的に大事なことは、自分が本当に大好きなことをやって全力で楽しむことだよね！

【MV】ときめきブローカー／P丸様。

投稿日 2021年8月14日

【MV】ならばおさらば／P丸様。【尾崎世界観】

投稿日 2021年4月3日

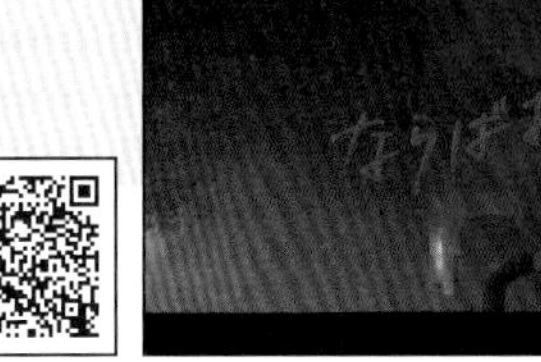

【MV】Magical Word／P丸様。

投稿日 2021年9月下旬予定

【MV】とっても大好きっ！／P丸様。

投稿日 2021年8月28日

STREAMING DOWNLOAD SONGS

配信楽曲

1stフルアルバム『Sunny!!』の曲以外も、P丸様。の楽曲が配信されているんだ！ 現在、ダウンロードやストリーミングで聴ける曲をリストアップしたよ♪

お願いダーリン

発売日 2021年3月17日

ダンスロボットダンス

発売日 2021年3月17日

ときめきブローカー

発売日 2021年8月14日

vol.3

お嬢様と執事

告白

▼デートの服

いや!!
まだ付き合うとか
そんなんじゃ
ないから!!!
じゃあ、告白を
お断りしたのですね

いいえ
まだ保留ね
今週の土曜日
デートに誘われたから
行ってくるわ！
付き合うのはそれからよ
なるほど
デートの服は
もう決めてるわ
へー
気になる？
見せてあげても
いいけど？
どうかしら？
ドン
無理!!!!

恋愛は戦

戦にでも行くんですか!?
……まぁ恋愛は戦とか言うしな……

お嬢様はっきり言って気持ち悪いです

は!?

女は肌を簡単に見せちゃダメなのよ!?

そんなことも知らないの!?

限度があるだろ限度が!!

テート服といえば……
じゃあアンタはどんな服選ぶのよ!!!
……そうですねそこは無難に
こういうワンピースとかですかね
うっ……
かわいい……
ふむ……着てやらんこともないわね！
……

デートって知ってる？

そういえば
お嬢様はデートを
されたことは
あるのですか？
ふふふ……
もちろん……

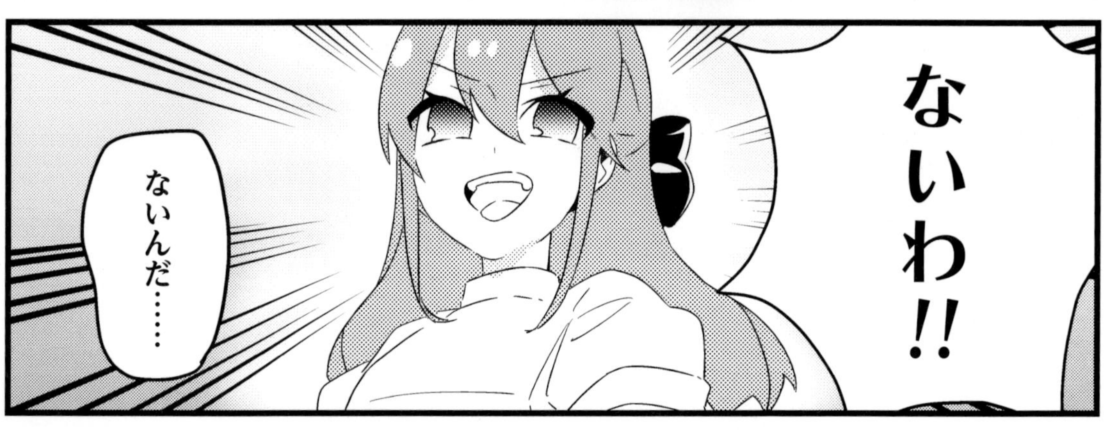
ないわ!!
ないんだ……

まぁ、テキトーに
クレープで
お手玉しとけば
どうにか
なるでしょっ!!
え？

お嬢様!!!
デートの
練習をしましょう
？

▼バッティングセンター

確かデートでバッティングセンターに行こうって言われたわ
バッティングセンターとか行こうよ!!
ほう……

カキーン
時速 200km

お嬢様少しお話が
ふ

バッティングセンターでのお約束

時速200㎞の球を軽々打つ女性はアカンですお嬢様……
え？

いいですかお嬢様たぶん彼はお嬢様にいいところを見せたいからバッティングセンターに誘ってるんだと思います
くれぐれもお嬢様は見る専にしてください
み見る専……

そして、見るときは「キャー!!」「かっこいい!!!」「すごーい!!」と言うそれだけでいいんです！わかりましたか!?
わかっt……
っあぶね……
……
時速 200km

映画

次は映画に行こうって言われたわ
あれから5回遊んだ
ふむ……
恋愛映画を見るんですかね……？

執事!! これ見たい!!
ゆるふわ〜ゴリラをボコボコにするのだ!
……まぁ今日はデートの練習ですしいいでしょう

めっちゃよかった……
ポロ
ポロ
ポロ
パンフレット買う〜!!!

デート当日

そして
デート当日
それじゃあ
行って
くるわね……
ファイトです
お嬢様!!

カチ
コチ
カチ
コチ
カチ
コチ

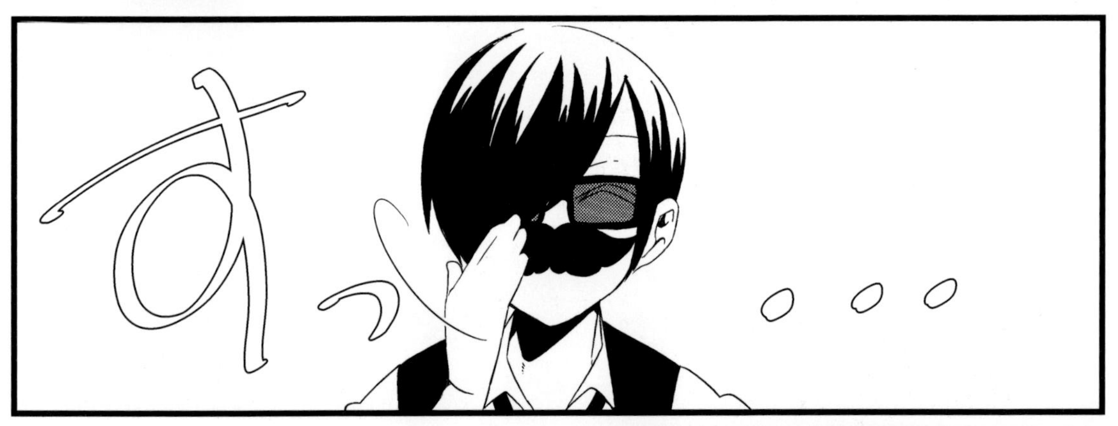
すっ
…

そっ
こ
お待たせ
したわ
あっわわ……伊集院さんっ

いいカンジ……？
その服……かわいいね！
……えっ
あ……
ありがとう……
ほう……
じゃ……じゃあ行こうか……
ええ……
コソ コソ コソ

……

約束は守る女

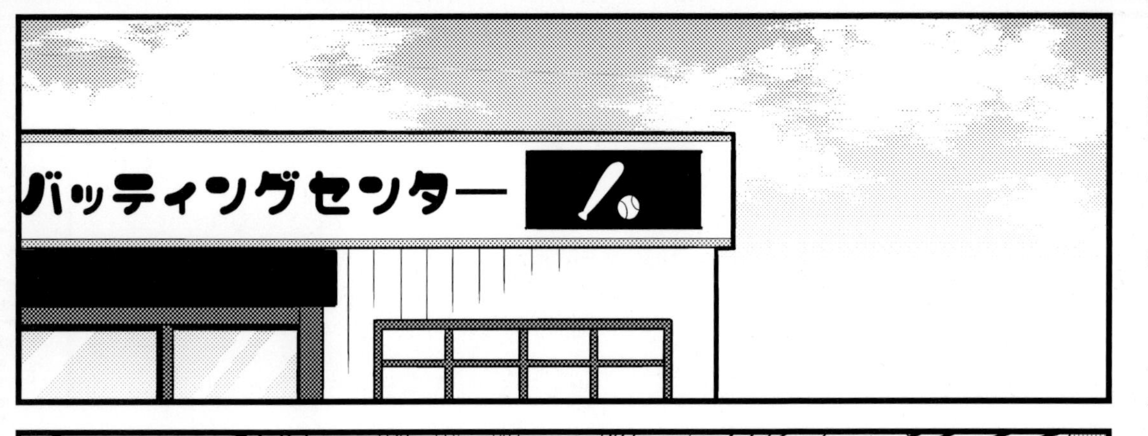
バッティングセンター

スカッ
ブォンッ

あれ!? あれ!? あれ?? あれ?? おかしいな……
あれ!?
スカッ!!
スカッ!!
……
え゛え゛え゛え゛え゛え゛!? めっちゃド下手かよ
なぜ誘った……!?

キャー!! すごーい! かっこいいー!!!
やめろおおお

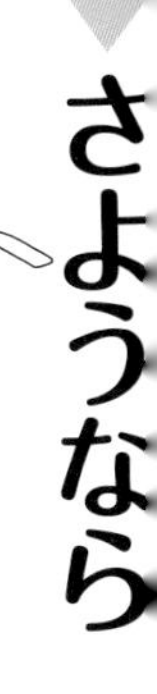
さようなら

うわあああ
ボクは
何やっても
ダメなんだ!!!
こんなボクは
伊集院さんには
ふさわしくない!!
さようならああ
え……

ポン…
……

え……
いたの?
ええ
一応心配で……

もう1回
ゆるふわ映画
見ます?
賛成

いじゅういん すみれ
伊集院 純恋
年齢：17歳
身長：158cm
血液型：B型
好きなもの：マカロン
趣味：ポエム

田中(たなか) 颯太(ふうた)

年齢：28歳

身長：173cm

血液型：A型

好きなもの：アイドル

趣味：アイドルのグッズ集め

お嬢様と執事 キャラがもっとわかる!!

メイド
宮本しほ（26）
JKの下着が
大好物!!
鈴音お嬢様が
高校生のとき
から支えている。

伊集院鈴音（20）
イカレサイコ。
カッパ探しに
ハマっている。
ケルベロスを
飼っていたが食った。

許嫁くん
金政一貴
鈴音ちゃんと
結婚している。
鈴音ちゃんが
大好き。

みかんちゃん
ももくんの妹。
イケメンが好きな
天才発明家！

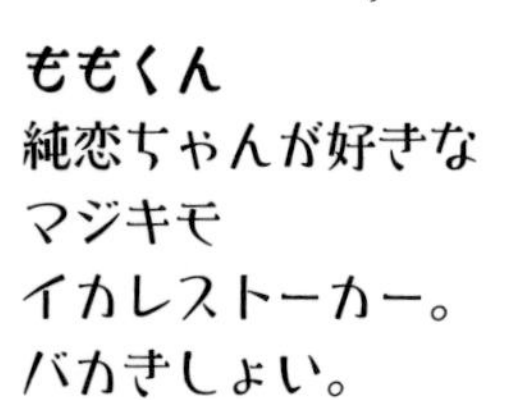

ももくん
純恋ちゃんが好きな
マジキモ
イカレストーカー。
バカきしょい。

vol.4
YouTube

P丸様。YouTubeちゃんねる

P丸様。のYouTubeちゃんねるは、
オリジナル曲、キャラクターアニメ、
歌ってみたなど盛りだくさん！
マンガのあとは動画も楽しんでね‼
今回は特別に、動画のコメントへの
お答えマンガも用意したよ♡

ぴーまるさま。のお歌！ オリジナル曲

ゆるふわ～

血液型あるある アニメ

お嬢様と執事 アニメ

なっきー

ゆるふわ学園 アニメ

ときめき学園★

歌ってみた

人気のアップロード動画

「コミュニティ」には、P丸様。からのコメントとイラストがあるんだ！

YouTubeの動画総再生
10億回いったらしい～！
みんないっぱい見てくれたり、コメントしてくれたり、
たくさんたくさん
ありがとう!!
これからもいっぱい見てくれな～☆ミ
P丸様。より

YouTube 動画
再生 10 億回
突破記念イラスト

みんなー!!
いつもYouTubeを
見てくれて
ありがと―――っ!!
コメントも
いっぱいありがとー!!
ぜんぶ見てるぞー!!!
ということで!!
みんなからの
YouTubeコメントを
見ていきたいと思うぞー!!
次のページから始まるよ!!
決してネタがないとか
そういうのじゃないよ!
GO!!
GO!!

今日の晩飯はパパ!!!

ゆるふわ

投稿日：
2021年6月4日

パパの運命やいかに⁉

仕事クビになりましたぁ〜!!

パパってどんなお味するのかなー?!

食った、食ったぁ〜!!

『ゆるふわ～』のパパは本当に食べたの？

血液型あるある!

血液型

投稿日：
2021年3月27日

私はどっちでもいいけどなぁ～

P丸様。の推し
O型ちゃん

血液型あるある第2弾?!

血液型

投稿日：
2021年3月31日

おい、分量ちゃんと測れ
だいたいこんくらいでしょ～♪
まぁまぁ…
チョコうめ～
AB型
O型
B型
A型

今日も5分前についたなぁ

P丸様。の推し
A型くん

血液型動画の
キャラは
誰派ですか？

女の子 ver. だと
O 型ちゃんかな

めっちゃ
ほわほわしてて
かわいい

声もいちばん
張らなくていいしクソ楽……
おっと誰か来たようだ……
ほわ〜
O
O

A
A
男の子 ver. だと
A 型くんが好き

いちばん
自分の手グセで描けて
うん!! これは!!
描きやすい！ 描きやすい！
描きやすいから……すこ!!

血液型

投稿日：
2021年4月16日

血液型の日常あるある??第5弾!

いろんな「あるある」を見れば P丸様。(B型)のことがもっとよくわかる!?

血液型

投稿日：
2021年4月28日

恋愛血液型あるある?

血液型

投稿日：
2021年5月7日

血液型メイクあるある?!

Ｐ丸様。は何型ですか？

B型だよ…

サイコなうさぎさん

アニメ

投稿日：
2020年2月28日

うさぎさんのサイコな姿も！

とてもゆるふわな日常だよ☆

ゆるふわ

投稿日：
2020年6月12日

赤ずきんちゃんのサイコな姿も！

『ゆるふわ〜』キモいやん「キモサイ」に変えたら？

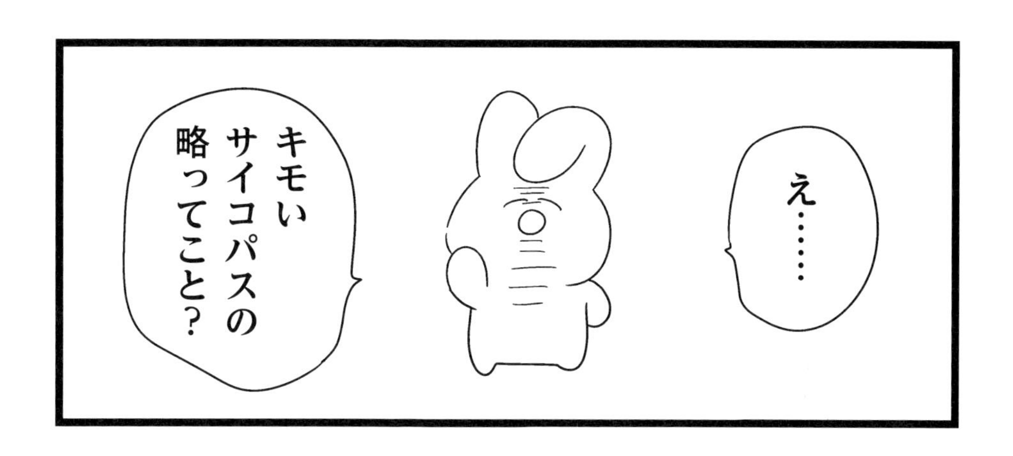

てんこもり総集編!!

お嬢様、雑巾の絞り汁でございます
ありがとう、クビよ。

お嬢様と執事

投稿日：
2020年8月9日

執事になって10年!の信頼関係!?

『お嬢様と執事』の執事ってなん歳？

いまは28歳です
高校を卒業したときから
この家の
執事をしていますよ
まだまだ若いでしょ？
おっさんだ
おっさんだ

いつも楽しい動画を届けてくれる
P丸様。に、YouTubeの動画についての
うれしかったことや失敗談など、
気になることを聞いてみたよ♪

うれしかったことを教えてください

コメントをたくさんもらえるってところだなー！！！！
ボクの動画は作って投稿して、みんながコメントして初めてできあがる
作品なんだ！
動画作りは大変だけど、みんなからのコメントがあれば頑張れる！！
みんなほんとありがとう！
大好きんきら金曜日！！！！

動画作りの失敗談はありますか?

失敗は……誤字脱字かな（笑）。
ボクの動画は字幕があるんだけど、本当に誤字脱字が多いんだ。
はんぱないなって……。
反省するけど直らないから、たぶん本当に悪いとは思ってないんだろうな（笑）！！
これもまた味だ！ とか本気で思ってる自分もいるんだ！！
なんとかしてくれ（笑）。

YouTube動画を作るうえで大事なことを教えてください

YouTube動画を長く作ってきて、ふわ～っとわかったことは、本当に楽しいって思うことをするべきだなぁと寝っ転がりながらよく思う。
自分が本当に楽しくないと、やる気も出ないしで最悪だなぁって……。
しかもやりたくない感じや楽しくないって感じは、視聴者さんにも伝わっちゃうから本当にそれは気をつけている！ かな。
オレかっこいいいいいいいいいいいいいいいいいいいいいいいいい！
ってこれたぶん、みんなわかってることで
草ァァァァァァァァァァァァァァァァァァァァァァァ！
でも本当に大事だなって、あらためてお風呂に入りながら思うんだ！！！
ってかLUSHから案件こねぇかな～（笑）。

No.02 P丸様。といつでも一緒♪

Goods Collection

詳細は公式サイトをご確認ください

vol.5
ゆるふわ学園

くまくーん!!
りすくーん!!
夏休み楽しみだねーっ!!!
何する何する～!?
あちー
ぱたぱた
とりあえず
りすくんに宿題
写させてもらう
オイ
やめろよ!!
宿題じゃなくてー
遊びだよ遊び～

そりゃやっぱ
海でしょ!!
げっ…
赤ずきんちゃん
誘って
浜辺で鬼ごっこ
でもしようかな～
まてまて～
ぱた
ぱた
ナニィ
!!?
おおかみくん
やだー!!!
ボクが
赤ずきんちゃんと
浜辺で鬼ごっこ
しゅるんだあ～っ!!
赤ずきんちゃんの
水着は
ボクのだ～っ
ウルセェな
おまえは男3人で
浜辺で○×ゲーム
でもしてな
いいねー
海!!
くまくん行こ～よ!!!
りすくんは
マッチ売りの
少女ちゃんと行きなよ

りすくん
あそぼーっ!!
うっ……
ほわわわ――わ
わ……
わかった……
誘ってみる……!!!
ファイティン
ごめん
りすくん!
夏休みぜんぶ
バイト
入れちゃった……!
あ、うん……
あ……
そっか……うん
ぜんぜん大丈夫!!
ごめんね～
チ――ン…
…
さらさら
さら

赤ずきんちゃんっ!!
夏休み一緒に海行こっ!!
?
くまくんも来るの?

いないよそんなやつ!!
ボクと浜辺でキャッキャウフフしよーよー!!

無理!!!
ピシャッ…

！

おまえらもか

……
……っ

じゃあ4人で
海行こうよ

くまくんから
誘われるなんて
珍しいねー!!
……
行く行くー♡
ボクたち友だち
だもんねー!!
仕方ねぇな～

キーンコーンカーン
いっぱい遊ぶぞお～!!
夏休み楽しみ～っ
泳ぐぞー!!
……
えーいま返したテストで20点以下だった者は
夏休みでも学校に来てもらいます
夏休みはありません

おい？

テスト？
これ？
点数聞いてどーすんの？
……
100
92

▼恋

私
湖の女神
私には好きな人がいる……
それは……

おおかみくん……っ
めちゃめちゃかっこいい……
何その顔……っ!!

頭もよくって
運動神経も抜群!!
それに
下まつ毛も多いし……
ん?
はっ
ぱちっ

美人さんに
見つめられたら
あせるぜ~!!
で何?
なんか用?
ううん……
なんでもない……
にゃは
~っ!!
たぶん今日
私死ぬわ

でも
おおかみくんには
好きな子がいる……
それは……
赤ずきん
ちゃーん!!
ケモノクセェ
はりたはりた

隣のクラスの
赤ずきんちゃん
あんな子の
どこがいいの……
でも確かに
かわいいけれど……
うう……

あっ!!
あの子
またいる……
よく
このクラスに
来るけど
あいつのおっぱい
いきなり
爆発しねぇかな
おい貧乳
心の声
出てるで!!

メガネ

キリリッ

ええ!?
くまくんメガネ!?
なんでなんでー!?
うむ
なんで!?

頭よく見えるでしょ?
くまくん
かっこいい
もう頭いいキャラは無理だよ

おい犯罪者
行きますよー
パシャ

謎ルール

誰もいないんですか……
それでは……
今日は7日なので
出席番号11番の
りすくん答えなさい
どういうこと？
ええ……
なんなんだ
このメガネ
オバハン先生
これ
間違えたら
ヤバいん
だよね……
ピローン!!
だったら……
間違えなきゃ
いいんじゃん
!!!
わかりません!!

りすくんのいいところ

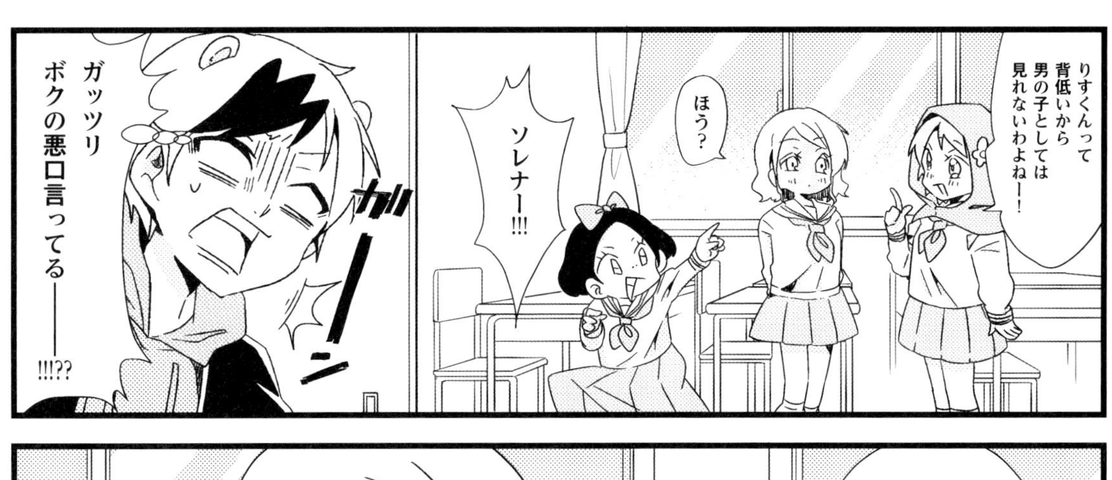
りすくんって背低いから男の子としては見れないわよね―!
ほう?
ソレナー!!!
ガーン
ガッツリボクの悪口言ってる――!!!??

そこがかわいくていいじゃ~ん!!

ぎゅ
~んっっ

ゆるふわ学園!!
おおかみくん
湖の女神ちゃん
くまくん
エサ
嫌い
赤ずきんちゃん
友だち
うさぎさん
友だち
友だち
マッチ売りの少女ちゃん
サンドバッグ
白雪姫ちゃん
りすくん
おい誰か
私を求めろ

vol.6
ゆるふわ～

おかげさまで……。

ぴーまるぶっく!。
第2弾
『ぴーまる。Diary!!』
発売決定おめでとう~!!
わーーい!!

まさか第2弾が
出せるなんて……
夢みたいだあ!
ねー!!
うれしいねー
くまくーん!
……

別に。
ぷりぷりぷりぷり
クッソ
うれしそ!!!

第1弾
コレが
よかったのかしら
チャリーーン
おい
みんなありがとう

◆うさぎさんの耳のヒミツ

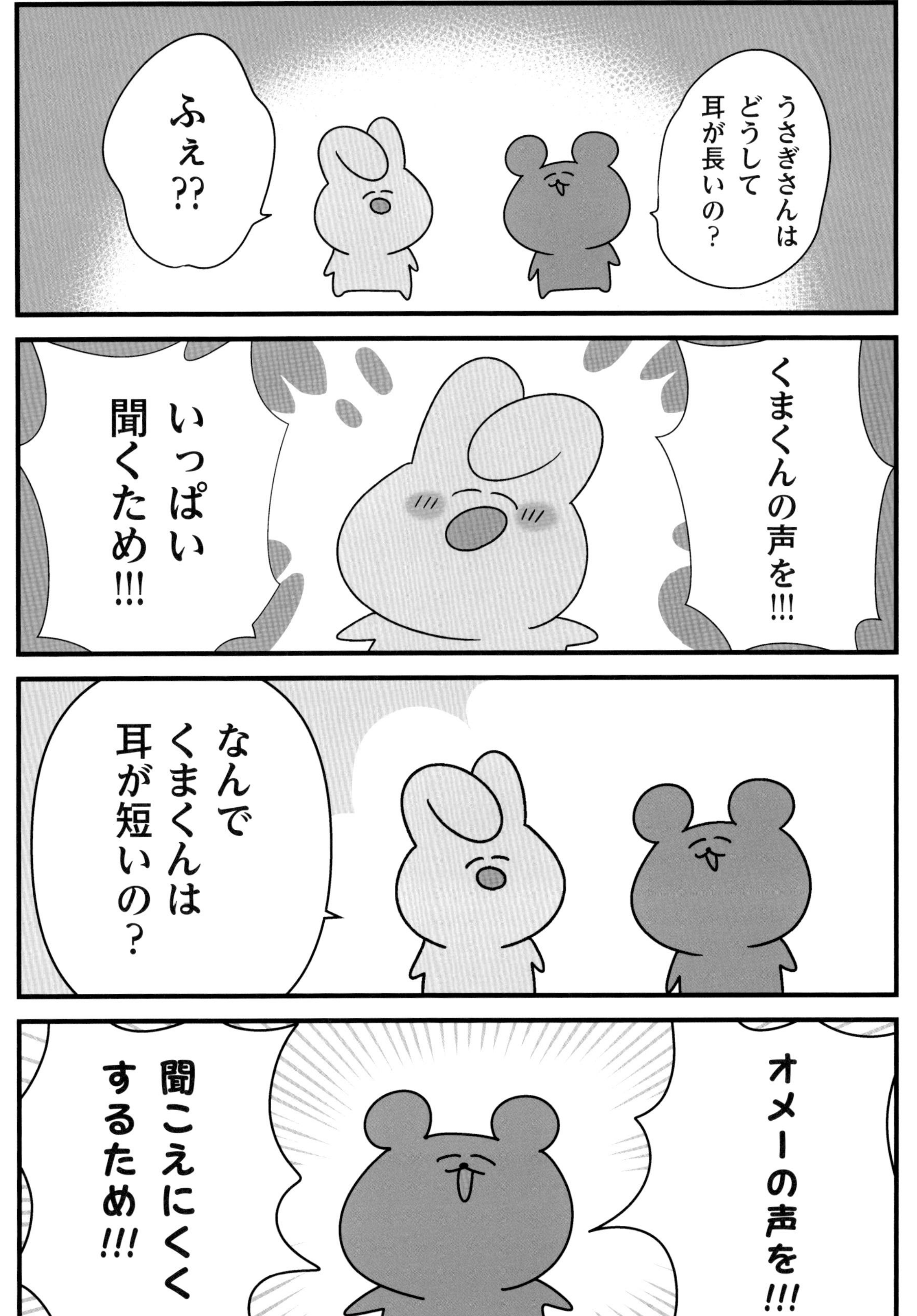
うさぎさんはどうして耳が長いの？
ふぇ??
くまくんの声を!!!
いっぱい聞くため!!!
なんでくまくんは耳が短いの？
オメーの声を!!!
聞こえにくくするため!!!

◆クセが強い……。

◆弟の失言★

うさぎさんの弟くんかわい～♡
なで なで
なで なで
なでなでうらやましい!!

オメェ、乳なさすぎて背中かと思ってたら正面向いてんのかよ!!

ガッ
!!

おい、おまえ三途の川って知ってるか？
ミチミチミチ
ミチミチ…

貧乳について。

貧乳ネタとか
古い……
……どした……

みんなが私のこと
乳がない乳がないって
悪口を言うの!!
ひどくない?
全員潰したけど
怒りが
おさまらないわ!
ほうほう!!

それ悪口じゃなくて
事実なんで
仕方ないですよふぇぇ

ゴパァ…

腹減った～よ～くま!!!
いらっしゃいませ!
弱肉強食
うまい!はやい!やすい!
おすすめ!! 300円!!
おまえの魂
おまえの魂
おまえの魂
おまえの魂
おまえの魂
弱肉強食

うさぎ肉とりす肉いける?
おまち
ガッ
ギャーー

うゅ～っ!!助けてくまくぅん!!
ぴえん!!
悪いねうさぎさん

このマンガは社会の厳しさを教える教育マンガなんだこの世は食うか食われるか弱肉強食の世界なんだよってことでばいびー
よくしゃべるなオメー

料理

くまくんって
なんの食べ物が
好きなの？
……え？

うーん……
お寿司

お寿司か～
お寿司……？
作るぞ～♡
？
赤ずきんちゃんの
手料理って
絶対毒入ってそうだよね

寿司の食材
見っけ!!
ガッ
ファ!?

みんな応援してるんだよ……!

ゆるふわ～は最初、
ノートのはじっこにラクガキで
描いてるようなクソ漫画
をモチーフにして作りました！
それが今や2周年を突破
するほど長～くやってる
シリーズになっていてビックリ
ゆるふわのキャラ弁とか、ネイルとか
ケーキとか、ファンアートや声真似…
めちゃめちゃ嬉しいです!!
ぜんぶ見てるぜ～

キャラクター達が、年々キャラ変しまくっている。昔と今を比較して
見るのもいいかも～＼(･ω･)／
声も違うって言われるんだけど、そこは許してね(^ω^)
主に赤ずきんちゃんがバケモノなんだ!!
わ～＼(’-.)／!! ゴリラ！ゴリラ！

まぁ僕は、こんな赤ずきんちゃんが1番
大好きなんだ…(･ω･) 1番グッズ化したい
推しなんだ…(´ω`)♡♡
I love you…!!

スーパーセクシーショット!!
りすくん つっこみ役
誰得やねん

1番登場シーンの少ない
おおかみくん
イジワルだけど
赤ずきんちゃん
がいると
キャラが
うすいよね
草くさ!!

でで
ゴキブリ!

マッチ売りの少女ちゃん
トーンはりがまじで
めんどくさい!!
うざい!!たまにぬり残しある!!
くぅ～～(>へ<)ってなる!
はやく肌白くなって!!

vol.7

血液型まんが!!

▼A型の場合

おーい!! A型〜っ!!
ん??

今日A型の家行ってもいい〜?

もや〜

ダメ……
え゛え゛え゛え゛え゛ー

じゃあオレは誰に宿題見せてもらえばいいんだ〜!

自分でしろ

A型は部屋が汚い

O型の場合

AB型の場合

B型の場合

血液型まんが!!
AB型
B型
O型
A型

vol.8

Gallery

いにしえ
ロマンティック

キャンディー

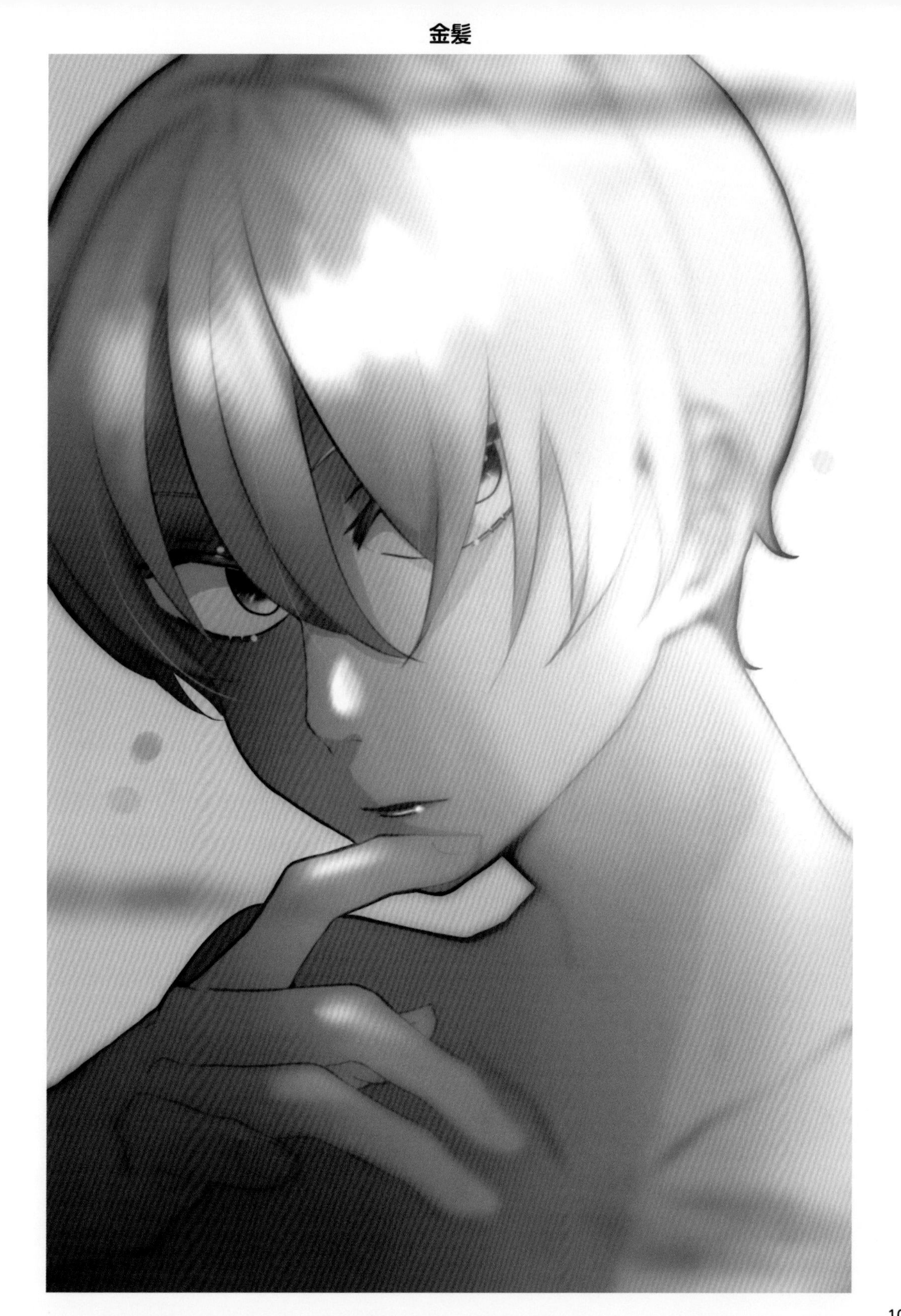

ぴーまる。Diary!!
Pmaru
Poteto
www
Kimchi
Konnichiwa
Annyohaseyo
Sheishei
good
Manji

ありがとう～♡

友だちからの応援イラスト

ラストは友だちに描いてもらったイラストだよ!

あとがき!!
らんらん
まんが頑張るぞ!!
と〜言っても〆切夏頃だし、アニメ見ちゃお〜っと
3月
4
5
6
7月15日
おはよーございまーす
お仕事の人
P丸さんまんがの件なんですが
は!!そういえば
〆切7月末ですけど大丈夫そうですか?

マンガを読んでくれて
ありがじゅっぴゃまでした!!

いつも応援ありがとうございます
~~1億円ください!!~~ ぜひ、友達におすすめ
してみてね! P丸様。はすごーく天才で
エジソンなんだ!! びっくりなんだ!!って教えて
あげてね!! ←よく、このネコなんですか?
って聞かれるんだけど、ス●バ買ったらよくこんな絵
描かれるじゃん。そんなカンジ☆ じゃーな〜おまえら、また
YouTubeで会おう
Twitterフォローして。 P丸様より

ぴーまる。Diary!!

2021年9月30日　初版発行

STPR BOOKS
企画・プロデュース　ななもり。

著者　P丸様。× ななもり。

Special Thanks　ファンのみんな！

編集　株式会社ブリンドール

デザイン　アップライン株式会社

印刷・製本　図書印刷株式会社

発行　STPR BOOKS

発売　株式会社リットーミュージック
〒101-0051 東京都千代田区神田神保町一丁目105番地

[乱丁・落丁などのお問い合わせ先]
リットーミュージック販売管理窓口
TEL：03-6837-5017／FAX：03-6837-5023
service@rittor-music.co.jp
受付時間／10:00 - 12:00、13:00 - 17:30（土日、祝祭日、年末年始の休業日を除く）

[書店様・販売会社様からのご注文受付]
リットーミュージック受注センター
TEL：048-424-2293／FAX：048-424-2299

※本誌は新型コロナウイルス感染症（COVID-19）拡大防止のため、政府の基本方針に基づき、著者・スタッフの健康面、安全面を考慮し、感染リスクを回避するための対策につとめて制作しております。

※本体価格は裏表紙に表示しています。

Printed in Japan
ISBN978-4-8456-3681-5
C0095 ¥2000E